EROL CAN

Revisão de algumas técnicas especiais de modulação por largura de pulso

EROL CAN

Revisão de algumas técnicas especiais de modulação por largura de pulso

para conversores de potência

ScienciaScripts

Imprint

Cover image: www.ingimage.com

This book is a translation from the original published under ISBN 978-620-8-17041-7.

Publisher:
Sciencia Scripts
is a trademark of
Dodo Books Indian Ocean Ltd. and OmniScriptum S.R.L publishing group

120 High Road, East Finchley, London, N2 9ED, United Kingdom
Str. Armeneasca 28/1, office 1, Chisinau MD-2012, Republic of Moldova, Europe
Printed at: see last page
ISBN: 978-620-8-34444-3

REVISÃO DE ALGUMAS TÉCNICAS ESPECIAIS DE MODULAÇÃO POR LARGURA DE PULSO PARA CONVERSORES DE POTÊNCIA

Prof. Dr. Erol Can

Universidade de Erzincan Binali Yıldırım

Conteúdo

Resumo

Na vida económica e social são necessárias várias formas de energia. Pode ser necessária a conversão e transformação de energia eléctrica obtida a partir de fontes de energia renováveis e de fontes fósseis. Nestas conversões, são utilizados circuitos conversores de corrente contínua para corrente contínua (CC-CC) ou inversores de corrente contínua para corrente alternada (CC-CA). Estes circuitos têm interruptores de potência, como MOSFET, IGBT, GTO, para fornecer energia eléctrica à carga. Os sinais gerados pelas técnicas de modulação por largura de impulso (PWM) são utilizados para controlar estes comutadores de potência. Neste livro, serão examinadas algumas técnicas especiais de PWM. Em primeiro lugar, são examinadas a PWM quadrada e a PWM linear (LPWM). A técnica de geração de PWM quadrado e a aplicação do conversor CC-CC são efectuadas e o seu efeito no circuito e na carga é examinado. Em segundo lugar, é examinada a técnica de modulação por largura de impulso sinusoidal escalonada (SSPWM). A técnica SSPWM é produzida e são efectuadas aplicações de simulação do circuito do inversor em várias cargas. Por fim, é feita a geração da técnica FSPWM (Fractional Sinus Pulse Width Modulation) e a aplicação do inversor em diferentes cargas. Nos estudos de simulação, são efectuadas as medições de corrente e tensão criadas pelo inversor de 5 níveis em cargas RL e RLC. Os resultados obtidos revelam a eficácia dos PWMs nos circuitos de potência que controlam.

Palavras chave: Modulação por largura de pulso senoidal fraccionada (FSPWM), PWM quadrado, PWM linear (LPWM), técnica de modulação por largura de pulso senoidal escalonada (SSPWM), conversão e transformação, fontes de energia renováveis, fontes fósseis

1. Introdução

Os inversores e conversores de energia são amplamente utilizados no domínio industrial [1-5]. Os inversores convertem corrente contínua (CC) em corrente alternada (CA), enquanto os conversores convertem corrente contínua de um valor para outro. Os inversores são conversores CC-CA que podem converter a tensão CC na entrada em tensão CA com a amplitude e frequência desejadas na saída. A tensão e a frequência CA obtidas na saída do circuito podem ser fixas ou variáveis [6]. Uma tensão de saída CA variável pode ser obtida alterando a tensão CC na entrada do inversor e mantendo o ganho do inversor constante. Quando a tensão CC de entrada do inversor é fixa e se pretende uma tensão CA de saída variável, esta é obtida alterando o ganho do inversor, ou seja, através do controlo PWM [7]. Enquanto o circuito tradicional do inversor de ponte completa é formado pela combinação de dois inversores de meia ponte separados, a conversão CC-CA no circuito do inversor de ponte completa monofásico é fornecida por 4 elementos de comutação e díodos [8]. Na topologia do inversor de meia-ponte, é produzida uma tensão de saída de dois níveis e, para tal, deve ser utilizada uma fonte de tensão em derivação central na entrada. Na topologia de inversor de ponte completa, podem ser produzidas formas de onda de saída de dois e três níveis com uma fonte de tensão normal [9]. As tensões de saída dos inversores são frequentemente de onda quadrada ou degrau. Nos casos em que é necessária uma tensão de saída sinusoidal, a forma mais fácil e prática é a filtragem da tensão de saída [10-14]. É possível fabricar um inversor que dê uma saída sinusoidal sem distorção a potências médias e frequências elevadas e que possa funcionar com elevada eficiência [15-18]. No entanto, não é fácil obter uma tensão de saída sem distorção a baixas frequências e altas potências com elevada eficiência através de filtragem. Os circuitos de filtragem podem causar perdas significativas. O tamanho dos circuitos de filtragem deve-se ao custo que criam no circuito, bem como ao facto de conterem também componentes de potência reactiva. Por estas razões, muitas técnicas de modulação de largura de pulso têm sido utilizadas e têm encontrado aplicação. Neste livro, é feita uma revisão do PWM Quadrado, do PWM Senoidal, do PWM Sinusal e do PWM Sinusal Fraccionado.

2. Aplicações de modulações de largura de pulso quadrado

A modulação por largura de pulso quadrada é uma das técnicas de modulação utilizadas em circuitos de inversores e conversores. Quando utilizadas em inversores, se não forem inversores multinível, devem ser utilizados circuitos de filtragem para reduzir as distorções harmónicas que irão ocorrer [12-14]. Se a tensão nos inversores multinível formar um valor sinusoidal passo a passo, menos filtragem é necessária [19,20]. Na técnica PWM, são gerados impulsos de onda quadrada e a componente fundamental da onda principal de saída é controlada através da alteração da largura dos impulsos gerados. O aumento do número de impulsos gerados no meio-período, ou seja, o aumento da frequência de comutação, permite limitar os harmónicos indesejados na saída. Além disso, a escolha de uma frequência de comutação elevada aumenta as perdas de comutação. É também geralmente designada por técnica de modulação linear da largura de impulso nos circuitos de inversores multinível. Forma a tensão alternada criada nos circuitos do inversor dividindo-a em fatias verticais. Uma vez que, em geral, não há o objetivo de criar uma sinusoide na tensão contínua, podem ser amplamente utilizados em circuitos de conversores CC-CC. A produção de sinais quadrados é apresentada na Figura 1. Como resultado da comparação de um sinal plano com dois sinais triangulares, são produzidos dois sinais PWM quadrados diferentes. Na Figura 2, é apresentado o modelo do simulador Matlab que compara estes três sinais.

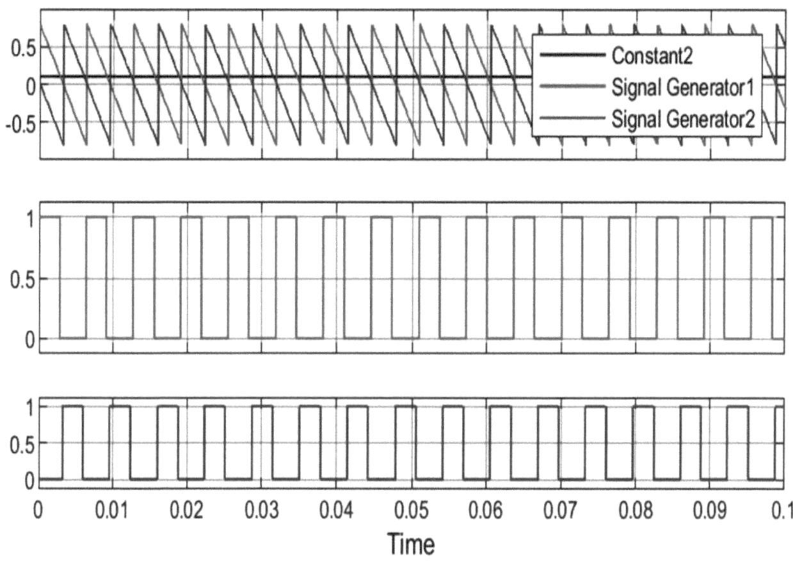

Figura 1. A produção de sinais quadrados

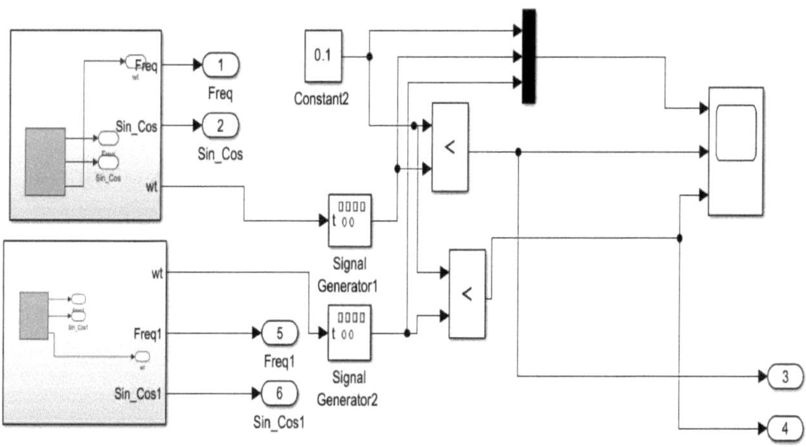

Figura 2 o simulador Matlab comparando estes três sinais

Estes sinais são maioritariamente utilizados para operar conversores DC-DC. Com os sinais apresentados na figura 1, dois conversores diferentes, Step-up e Step-down, podem ser facilmente controlados. O conversor buck é um tipo de circuito chopper concebido para reduzir gradualmente o sinal de entrada CC aplicado, enquanto o conversor boost é um chopper que aumenta gradualmente o sinal de entrada CC [21,23]. Nos conversores CC-CC do tipo buck, o sinal CC fixo de entrada é convertido noutro sinal CC de valor inferior na saída, enquanto nos conversores CC-CC do tipo boost, o sinal CC fixo de entrada é convertido noutro sinal CC de valor superior na saída [23-25]. Isto significa que são concebidos para produzir um sinal CC diferente como saída a partir da entrada aplicada, de acordo com os valores desejados. Existem vários dispositivos semicondutores de potência, como BJT de potência, MOSFET de potência, IGBT, GTO, etc., que actuam como interruptores em circuitos de chopper [26-29]. A utilização de tiristores não é geralmente recomendada em circuitos de chopper e a razão para tal é que é necessário um circuito de comutação externo para comutar um tiristor. Os MOSFET ou IGBT de potência podem ser desligados fornecendo um potencial nulo da porta ao terminal da fonte, no caso dos MOSFET, ou da porta ao terminal do coletor, no caso dos IGBT.

O circuito do conversor buck é apresentado na Figura 3. Nesta estrutura de circuito, existe um interrutor de potência (MOSFET), uma bobina (L), um condensador (C), um díodo e uma fonte de tensão CC. O circuito do conversor Boost é apresentado na Figura 4. Nesta estrutura de circuito, há um interrutor de potência (MOSFET), uma bobina (L), um condensador (C), um díodo e uma fonte de tensão contínua.

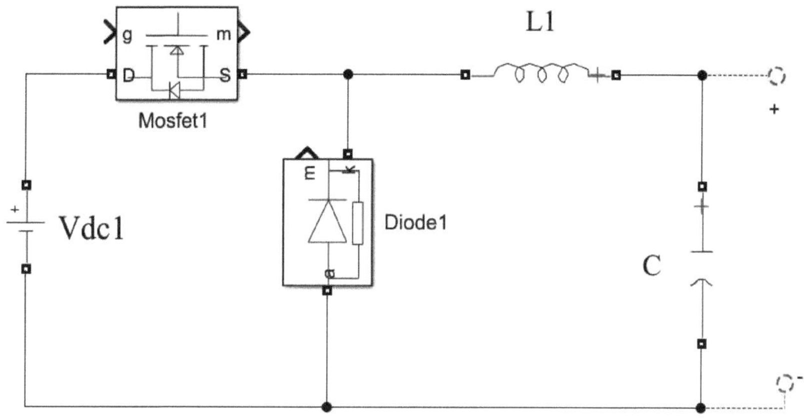

Figura 3. O circuito do conversor buck

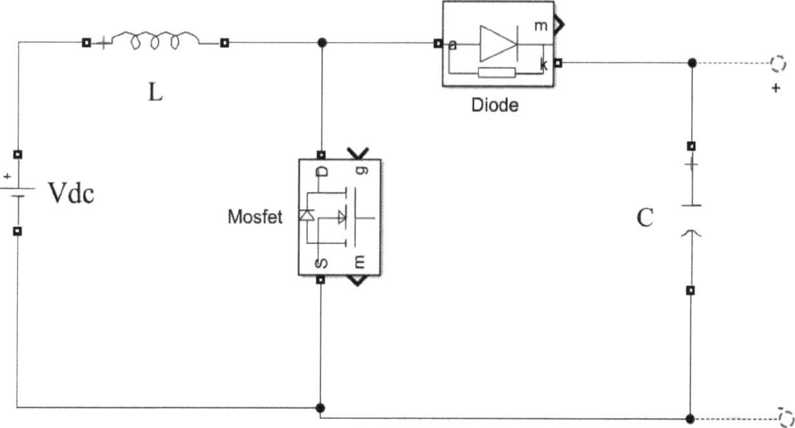

Figura 4. O circuito do conversor boost

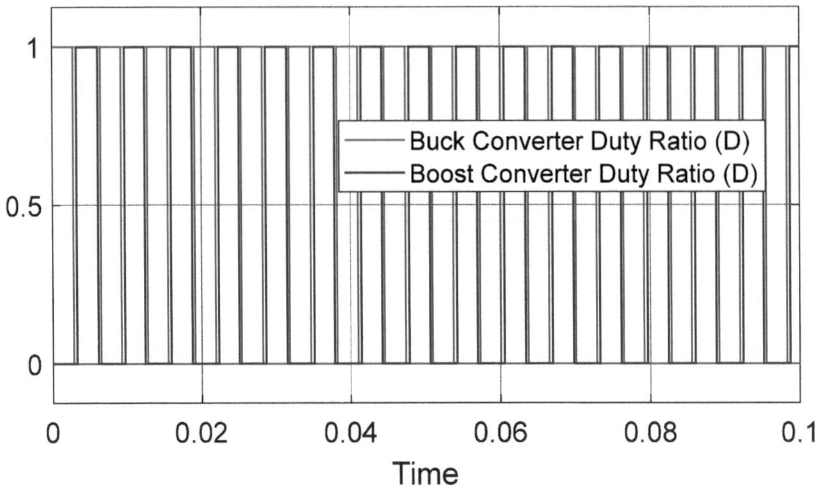

Figura5 os PWMs que accionam dois circuitos diferentes

Na Figura 5, são apresentados os PWMs que irão operar dois circuitos diferentes, buck e boost. Enquanto o interrutor de potência no circuito Buck estiver a funcionar, o interrutor no circuito Boost permanecerá passivo. Mais uma vez, enquanto o interrutor no circuito Boost estiver a funcionar, o interrutor de potência no circuito Buck permanecerá passivo. Os tempos de funcionamento dos interruptores em cada circuito serão o tempo passivo para o interrutor de potência no outro circuito. Vdc é a tensão de entrada dos circuitos, D são as taxas e durações de funcionamento dos interruptores de potência no circuito. A tensão de saída Vout é dada na Equação 1 para o conversor Buck, enquanto a Equação 2 é dada para o conversor Boost.

$$Vout = D*Vdc \quad (1)$$

$$Vout = Vdc/(1-d) \quad (2)$$

Para os dois circuitos separados na figura 6, buck e boost, são utilizados os mesmos valores de elementos de circuito e tempos de trabalho PWM. São utilizados 0,1 mH como indutor, MOSFET como chave, condensador de 50 mF, 1 díodo e fontes de 20V dc. Os tempos de comutação são 0,033sec. A carga é de 1 ohm.

2.1. Aplicação de Buck e Boost com LPWM

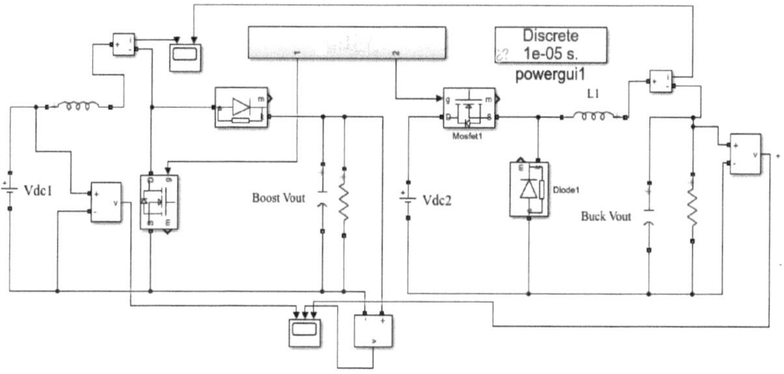

Figura 6 Circuitos Buck e Boost isolados e separados.

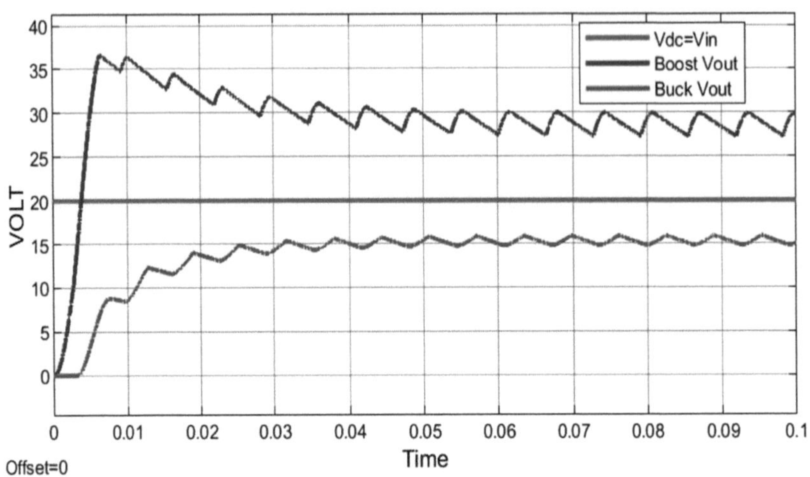

Figura 7 Correntes de saída Buck e Boost

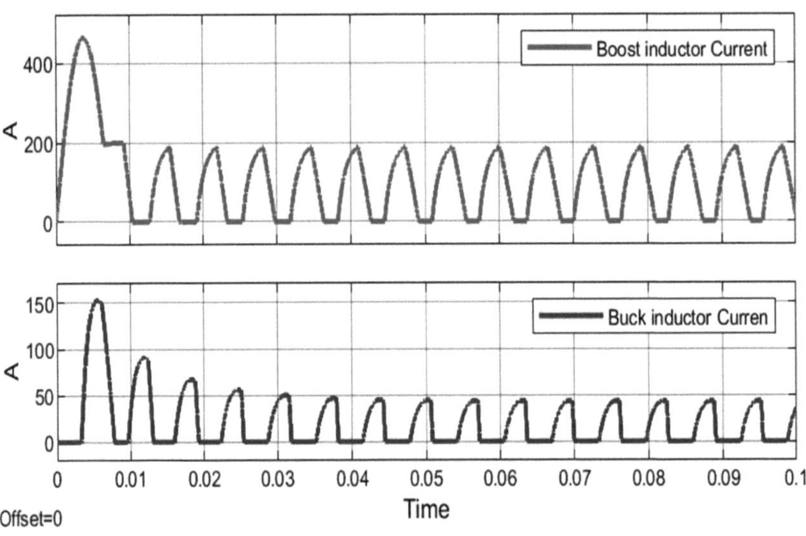

Figura 8 Correntes dos indutores Buck e Boost

Em ambos os circuitos controlados por um único processamento de sinal na figura 7, a tensão de entrada de 20 volts aumenta acima do seu valor para 30 V na unidade boost, enquanto diminui para níveis de 10 V na unidade buck.

Uma vez que as unidades conversoras são operadas com PWM gerado por um único processamento de sinal, os tempos de funcionamento dos interruptores de um conversor são os tempos passivos dos interruptores do outro conversor. Assim, quando a corrente indutora no circuito de reforço diminui para zero, a corrente indutora no circuito Buck começa a aumentar. No circuito apresentado, a corrente indutora do circuito boost atinge 200A, enquanto a corrente indutora no circuito Buck atinge 50A.

3. Modulação por largura de pulso sinusoidal escalonada e aplicações

3.1 Formação da modulação por largura de impulso sinusoidal de passo

A técnica de modulação por largura de impulsos tem sido amplamente utilizada em alguns estudos para o acionamento de motores e para o funcionamento de diferentes cargas [30-34]. Ao contrário da modulação de largura de pulso sinusoidal, a modulação de largura de pulso passo-sinusoidal (SSPWM) mostrada na Figura 9 é linearizada para controlar o conversor e o interrutor dos circuitos do inversor, e são encontrados valores matemáticos exactos [35,36]. Quando os sinais triangulares são comparados com os sinais senoidais em degrau, as bases triangulares nos pontos de intersecção são calculadas e as larguras de pulso são encontradas. Os passos do sinal senoidal são mostrados na Figura 10, onde os comprimentos da unidade b na vertical e os comprimentos da unidade k na horizontal são alterados [37]. A tensão gerada nas cargas é calculada analiticamente, porque as interações dos degraus com os triângulos criam triângulos semelhantes. Cada triângulo criado tem um comprimento de base diferente em todos os triângulos criados. As larguras dos impulsos são geradas porque as regras dos triângulos semelhantes também têm a forma de meio período (T/2). As larguras de impulso são apresentadas como triângulos semelhantes na Figura 11. Df é a largura inicial do impulso, Da é a largura média do impulso e n é o número de impulsos.

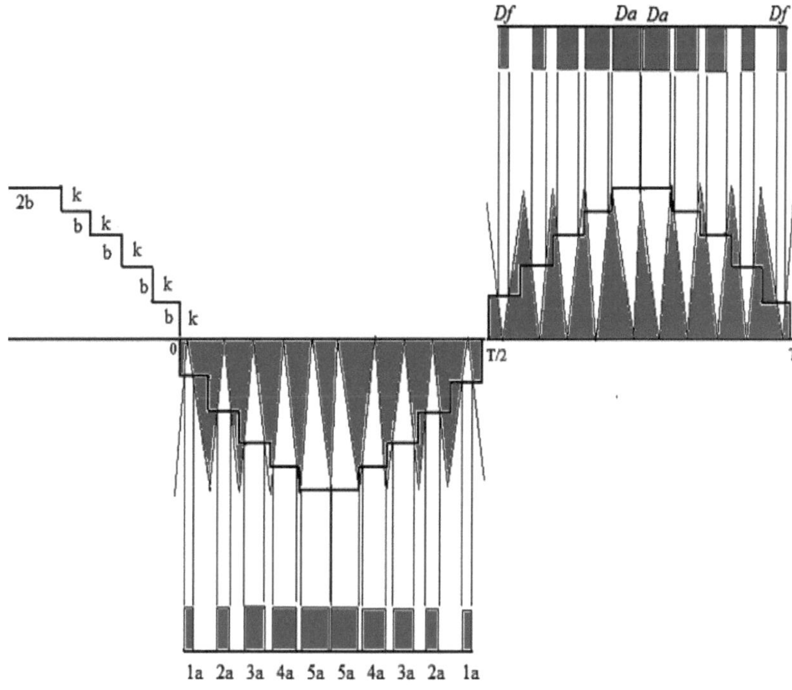

Figura 9. Modulação por largura de impulso sinusoidal em degrau (SSPWM)

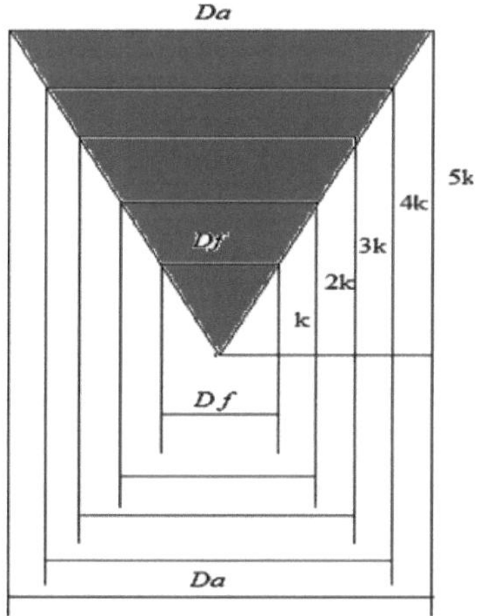

Figura 10. Triângulos semelhantes

Como se pode ver na Figura 11, as alterações de tamanho dos SSPWMs no período T/2 são 1a, 2a, 3a, 4a, 5a, respetivamente.

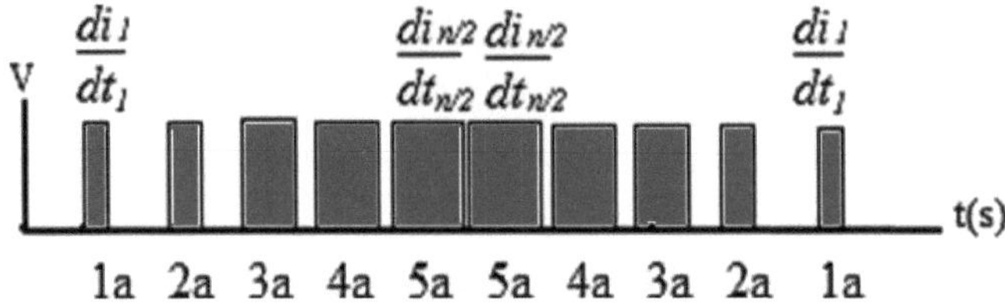

Figura 11. As alterações de tamanho dos SSPWMs no período T/2

Enquanto controla o comutador, a modulação de largura de impulso sinusoidal em degrau fornece a corrente total (*di*) para a carga indutiva (L) na Fig. 6 como na Eq. (3).

$$\frac{\mathrm{d}i}{\mathrm{d}t}=\left(\frac{\mathrm{d}i_1}{\mathrm{d}t_1}+\frac{\mathrm{d}i_2}{\mathrm{d}t_2}+\ldots+\frac{\mathrm{d}i_{n/2}}{\mathrm{d}t_{n/2}}+\frac{\mathrm{d}i_{n/2}}{\mathrm{d}t_{n/2}}+\ldots+\frac{\mathrm{d}i_2}{\mathrm{d}t_2}+\frac{\mathrm{d}i_1}{\mathrm{d}t_1}\right)=\sum_{k=1}^{n/2}\frac{\mathrm{d}i_k}{\mathrm{d}t_k} \tag{3}$$

3.2. Aplicações de inversores de modulação por largura de impulso sinusoidal em degrau

Na Figura 12, o SSPWM será utilizado num inversor simples em ponte H para um interrutor de 4 potências. O inversor modulado por SSPWM accionará uma carga resistiva de R=10 ohm. Com 1,25 ms, o SSPWM accionará quatro MOSFETs. A Figura 13 mostra a comparação entre o sinal sinusoidal de quatro dígitos e o sinal triangular. Como resultado desta comparação, obtêm-se os

SSPWMs que irão controlar os interruptores. Quando uma fonte de 20V dc é aplicada ao inversor acionando uma carga resistiva de 10-ohm, a corrente alternada e a tensão gerada na carga são dadas na Figura 14.

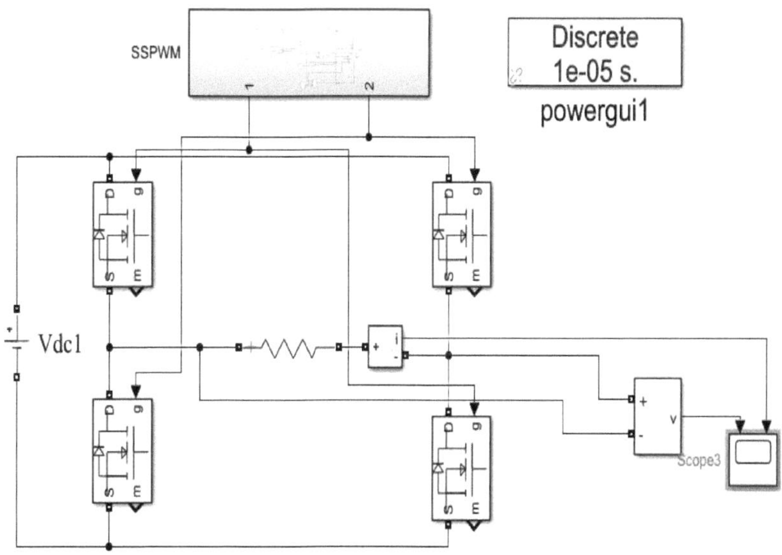

Figura 12. Inversor SSPWM para carga R

Nas aplicações efectuadas para R de carga de 10 ohms, é gerada uma tensão alternada de 50hz sob a forma de SSPWM com uma amplitude de 20V. Da mesma forma, é gerada uma corrente de 2A na carga. Enquanto os passos dão a forma da corrente e da tensão geradas na carga, o valor efetivo dos valores gerados pode ser calculado pelo método da semelhança de triângulos. A bobina (L) tem uma reactância (XL) em corrente alternada. A reactância também se altera em função da frequência (f). A reatância é encontrada como na equação abaixo.

$$XL = 2\pi f L \qquad (3)$$

A impedância equivalente (Z) é encontrada de acordo com a equação abaixo.

$$Z = \sqrt{R^2 + +XL^2} \quad (4)$$

A corrente de carga (IL) é encontrada em função da tensão (U) na carga como na equação 5.

$$IL = \frac{U}{Z} \quad (5)$$

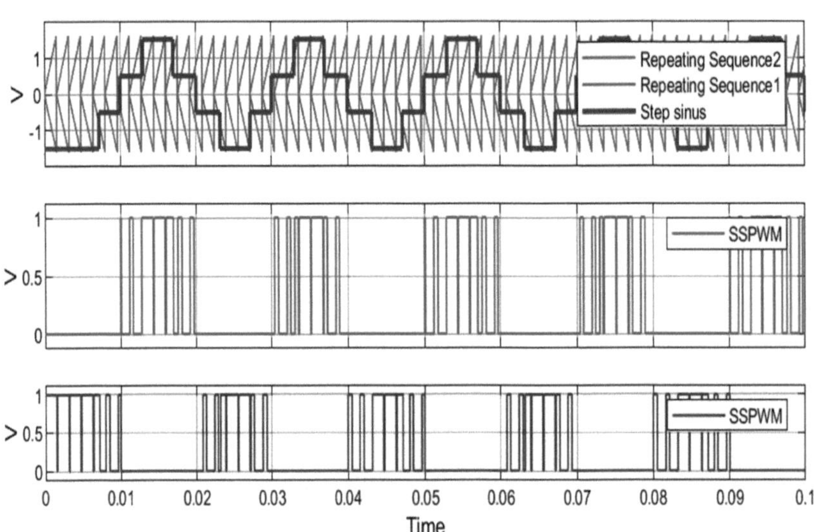

Figura 13. Formação SSPWM para inversor com carga R

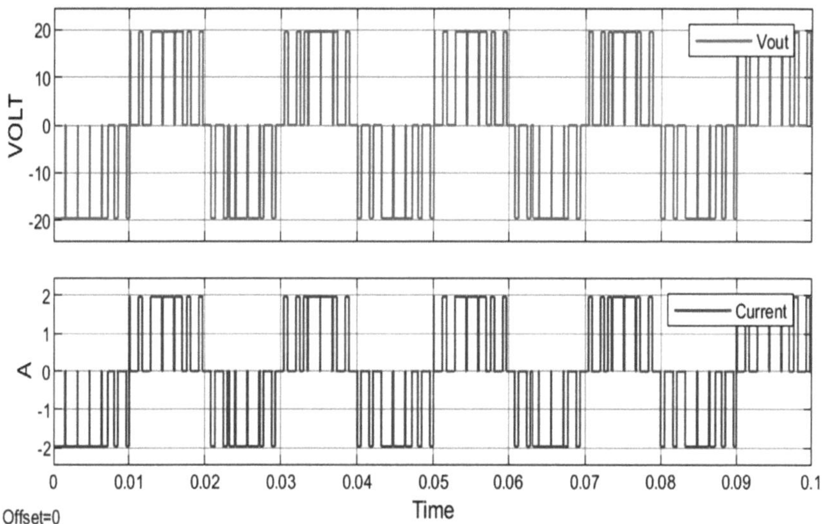

Figura 14. Para o inversor que acciona uma carga resistiva de 10 ohms, a corrente alternada e a tensão gerada na carga

Desta vez, o método SSPWM é testado em cargas resistivas (R), indutivas (L) e capacitivas (C), como indicado na Figura 15. R=0,1-ohm, L= 2mH, C=1mF. O tempo de comutação é de 4ms. Os PWMs obtidos são apresentados na Figura 16. A corrente de carga e a tensão obtidas na carga RLC em série são apresentadas na Figura 17.

O condensador (C) tem uma reactância capacitiva (XC) em corrente alternada. A reactância capacitiva também varia consoante a frequência (f). A reactância é encontrada como na equação (6).

$$XC = \frac{1}{2\pi f C} \tag{6}$$

A impedância equivalente (Z) é encontrada de acordo com a equação abaixo.

$$Z = \sqrt{R^2 + (XL - XC)^2} \tag{7}$$

A corrente de carga (IL) é encontrada em função da tensão (U) na carga como na equação (8).

$$IL = \frac{U}{Z} \tag{8}$$

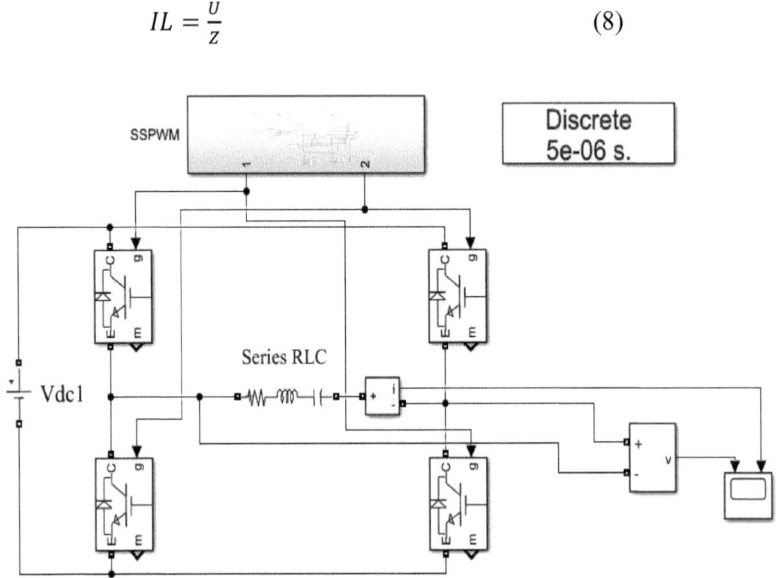

Figura 15. Inversor SSPWM para carga RLC

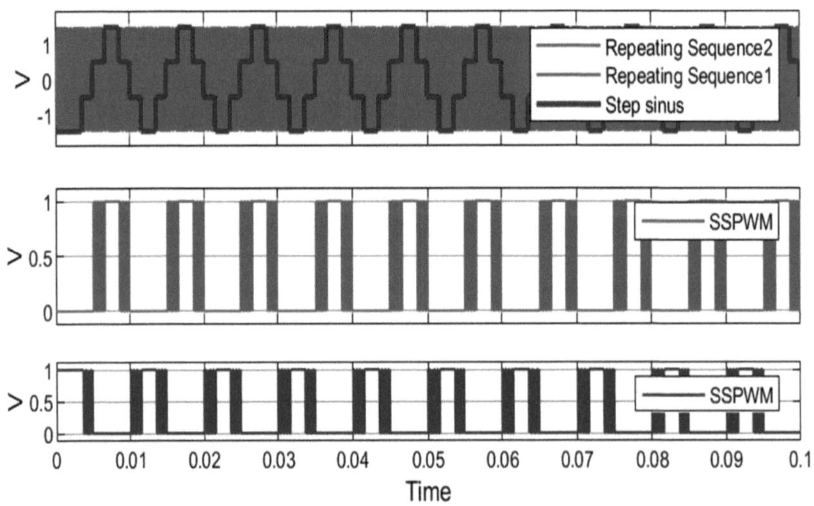

Figura 16. SSPWMs para carga RLC

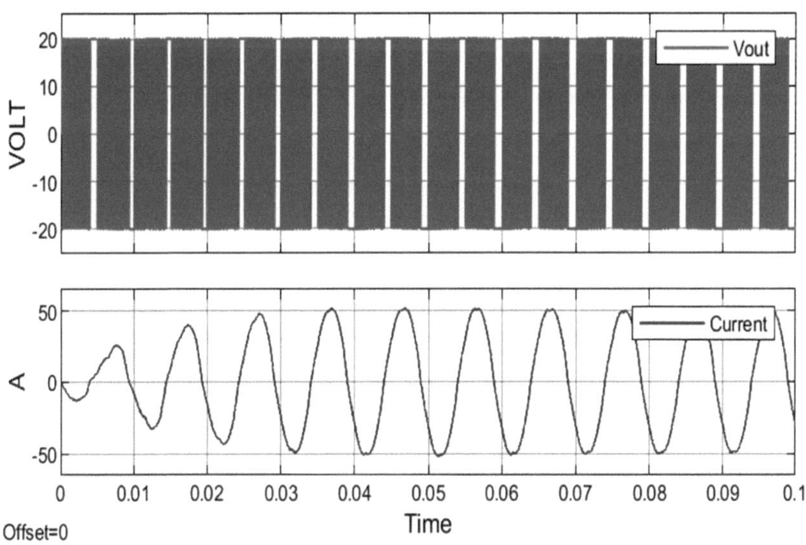

Figura 17. Corrente e tensão para carga RLC

Como resultado das simulações, a amplitude da tensão obtida na carga é de 20 V, enquanto a amplitude da corrente alternada obtida é de 55,54 A. A Distorção Harmónica Total (THD) da corrente obtida é dada na Figura 18, enquanto o ciclo e o número de corrente em que a distorção é analisada são dados na Figura 19.

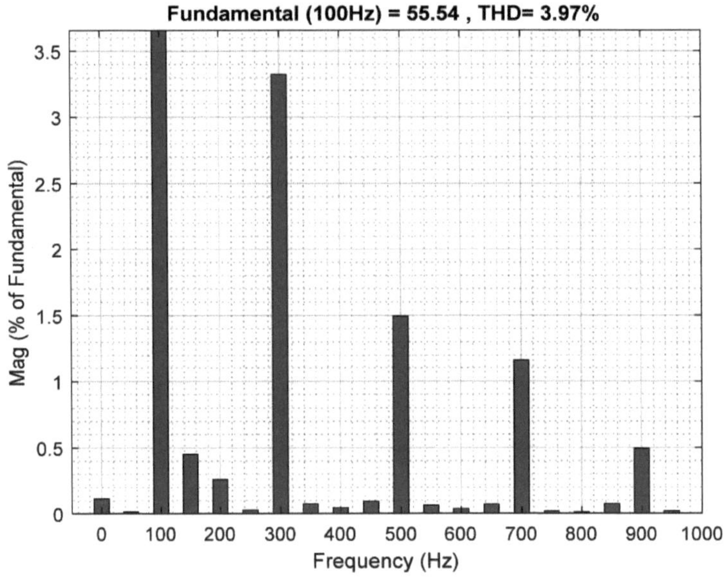

Figura 18. Distorção harmónica total (THD) da corrente obtida

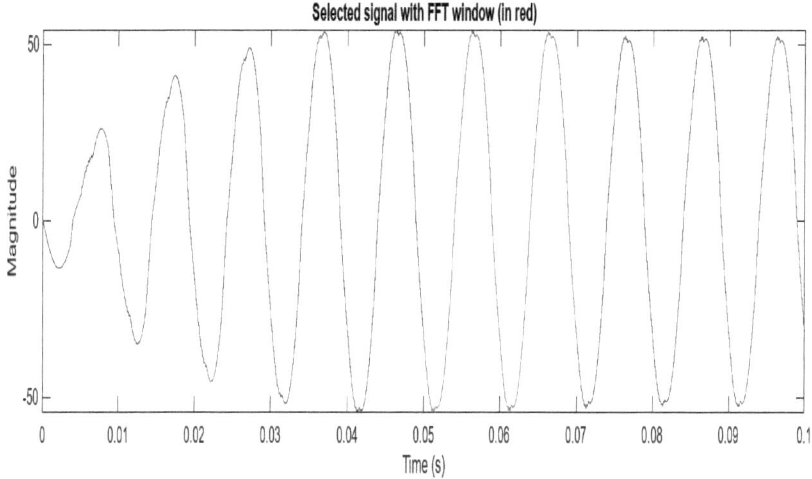

Figura 19. O ciclo atual e o número em que a distorção foi analisada

A distorção THD da corrente alternada gerada na carga é inferior a 4 %, conforme exigido pelas normas internacionais do IEEE. Isto mostra que o método proposto pode ser utilizado em circuitos conversores.

4. Aplicações de modulação de largura de impulso sinusoidal fraccionada

4.1. Formação da modulação da largura de pulso do seio fraccionado

A estrutura do inversor multinível modular tradicional (MMLI), que tem sido amplamente estudada nos estudos sobre inversores até à data, cujo desempenho e estrutura de elementos serão comparados com a estrutura do inversor proposto, é apresentada na Figura 3b. O MMLI tradicional de 9 níveis tem 8 interruptores IGBT, 4 fontes DC e 4 díodos. A estrutura de inversor proposta é referida como uma estrutura de inversor multinível funcional (FMLI), uma vez que pode corresponder a algumas caraterísticas da estrutura de inversor multinível modular e da estrutura de inversor multinível híbrido [38, 39]. O inversor multinível modular de nove níveis (MMLI) é apresentado na figura 20. O circuito proposto inclui 8 interruptores de potência, quatro díodos e quatro fontes de tensão CC para um inversor de 9 níveis. Os interruptores de potência neste circuito proposto são controlados por FSPWM. Na Figura 21, é mostrada a geração de PWMs que formam o nível mais alto da tensão de 9 níveis no estágio 4. A Figura 4 mostra a criação de FSPWMs operando os interruptores para formar o terceiro degrau de tensão no terceiro estágio. Na figura 22, os sinais rectangulares são obtidos como resultado da comparação dos sinais triangulares e planos. A largura dos sinais rectangulares é inferior à dos sinais a gerar para os níveis inferiores, e a escala de tempo é de 0,35msec. Estes sinais rectangulares obtidos são subtraídos dos sinais sinusoidais e obtêm-se sinais sinusoidais fraccionados com 0,35ms de intervalo nos centros, como na figura 23. Os sinais senoidais com gap em seus centros com duração de 0,35ms são comparados com sinais triangulares com amplitude de 0,75 V a 0,9V, como na figura 24, para formar FSPWMs operando os interruptores que formam a tensão do 3° degrau no terceiro estágio. As figuras 25, 26 e 27 demonstram a criação de FSPWMs que operam os interruptores para formar o segundo degrau de tensão no segundo estágio. Na figura 25, os sinais rectangulares são obtidos como resultado da comparação dos sinais triangulares e planos. A largura dos sinais rectangulares é inferior à dos sinais a gerar para a primeira etapa e a escala de tempo é de 0,63 mseg. Estes sinais rectangulares obtidos são subtraídos dos sinais sinusoidais e obtêm-se sinais sinusoidais fraccionados com um intervalo de 0,63 ms nos centros, como na figura 26. Em seguida, os sinais senoidais com gap em seus centros com duração de 0,35ms são comparados com sinais triangulares com amplitude de 0,3V a 0,6V, como na figura 27, para formar FSPWMs operando os interruptores que formam a tensão do 2º degrau no segundo estágio. Nas figuras 28, 29 e 30, vê-se a criação de FSPWMs operando os interruptores para formar o primeiro degrau de tensão no segundo estágio. Na figura 28, sinais retangulares são obtidos como resultado da comparação de sinais triangulares e planos. A escala de tempo é de 0,87 mseg para o gap no primeiro degrau. Estes sinais rectangulares obtidos são subtraídos dos sinais sinusoidais e obtêm-se sinais sinusoidais fraccionados com um intervalo de 0,87 ms nos centros, como na figura 29. Os sinais senoidais com um gap de duração de 0,87ms em seus centros são comparados com sinais triangulares com amplitude de 0,01V a 0,3V, como na figura 30, para formar FSPWMs operando os interruptores formando a tensão do 1º degrau no primeiro estágio [40]. A técnica FSPWM pode reduzir perdas de comutação desnecessárias e proporcionar uma modulação mais eficaz, uma vez que impede que os interruptores trabalhem durante os períodos em que não deveriam estar a trabalhar [41].

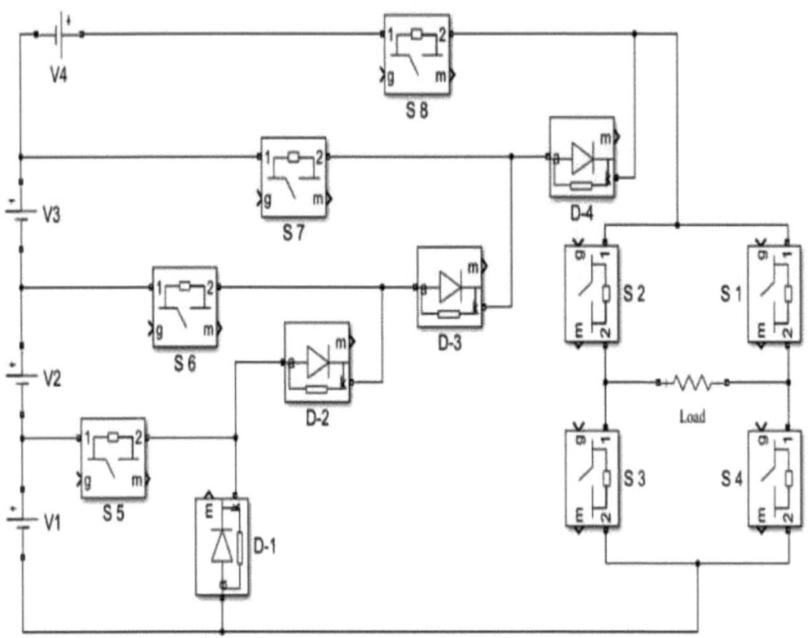

Figura 20. O inversor modular multinível de nove níveis (MMLI)

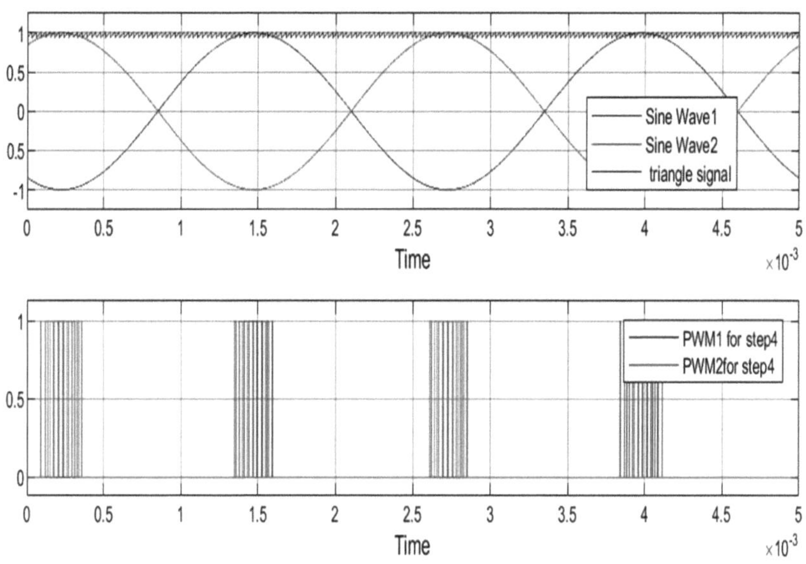

Figura 21. Geração de PWMs que formam o nível mais alto de 9 níveis de tensão

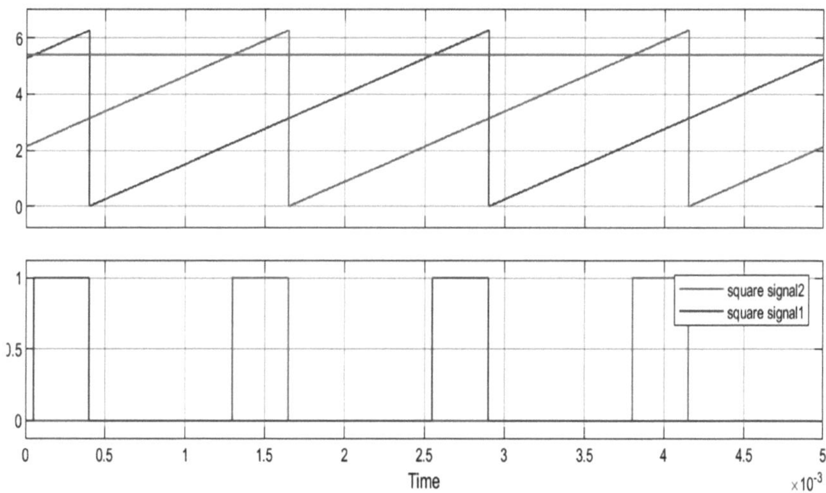

figura 22: sinais rectangulares são obtidos como resultado da comparação de sinais triangulares e planos

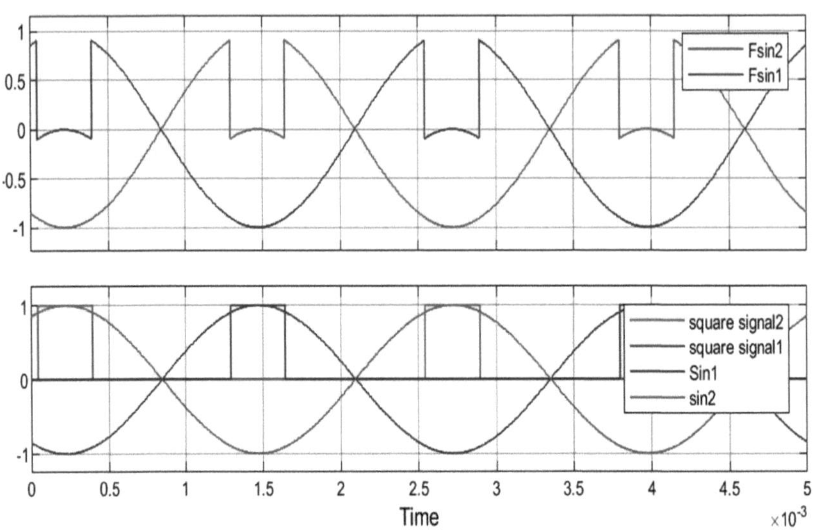

Figura 23. Os sinais rectangulares subtraídos dos sinais sinusoidais e os sinais sinusoidais fraccionados com um intervalo de 0,35 ms nos centros

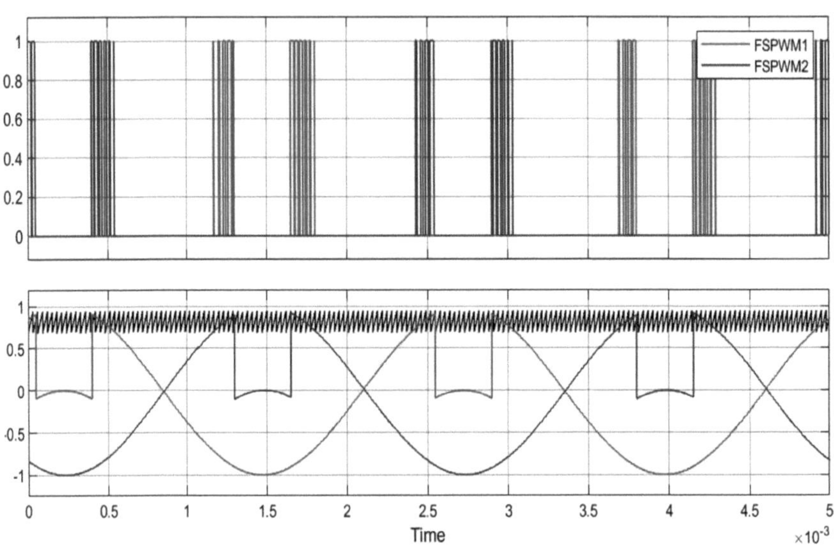

Figura 24. Os sinais sinusoidais com um intervalo nos seus centros com uma duração de 0,35 ms são comparados com sinais triangulares com uma amplitude de 0,75 V a 0,9 V

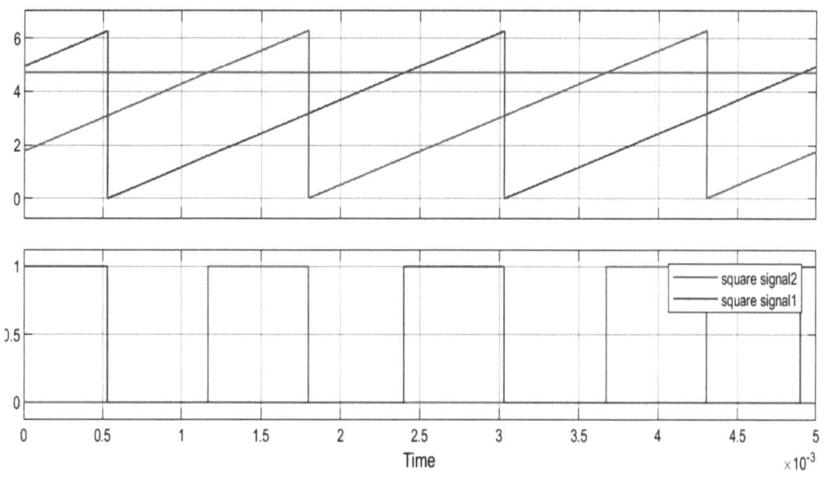

Figura 25 Sinais rectangulares obtidos como resultado da comparação de sinais triangulares e planos na segunda fase

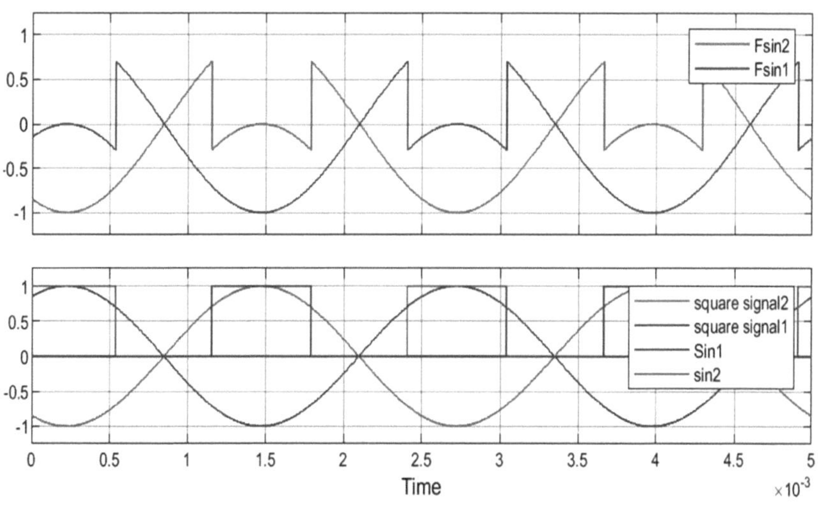

Figura 26. Sinais rectangulares obtidos subtraídos dos sinais sinusoidais e sinais sinusoidais fraccionados com 0,63 ms de intervalo nos centros obtidos

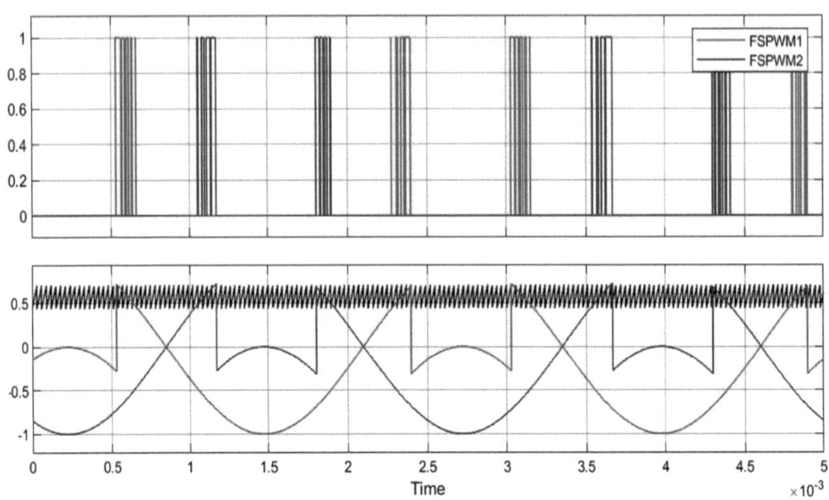

Figura 27. Os sinais sinusoidais com um intervalo nos seus centros com uma duração de 0,35 ms são comparados com sinais triangulares com uma amplitude de 0,3 V a 0,6 V

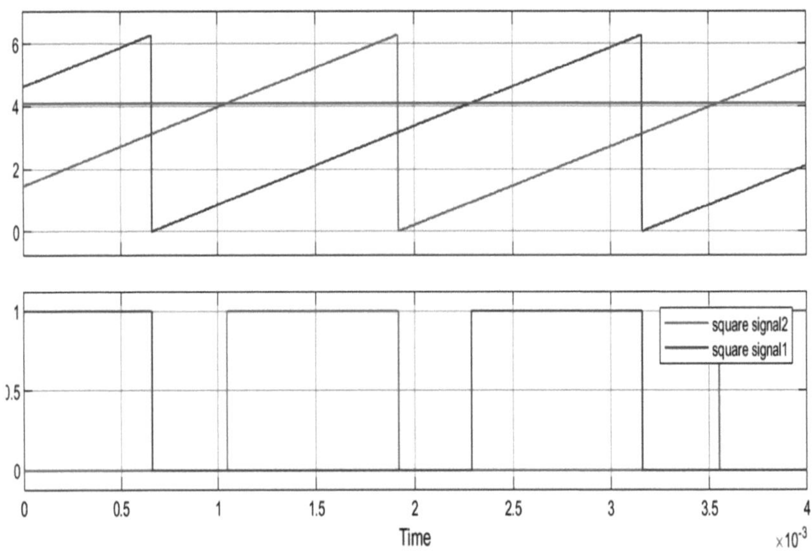

Figura 28. Sinais rectangulares obtidos como resultado da comparação de sinais triangulares e planos para o primeiro passo

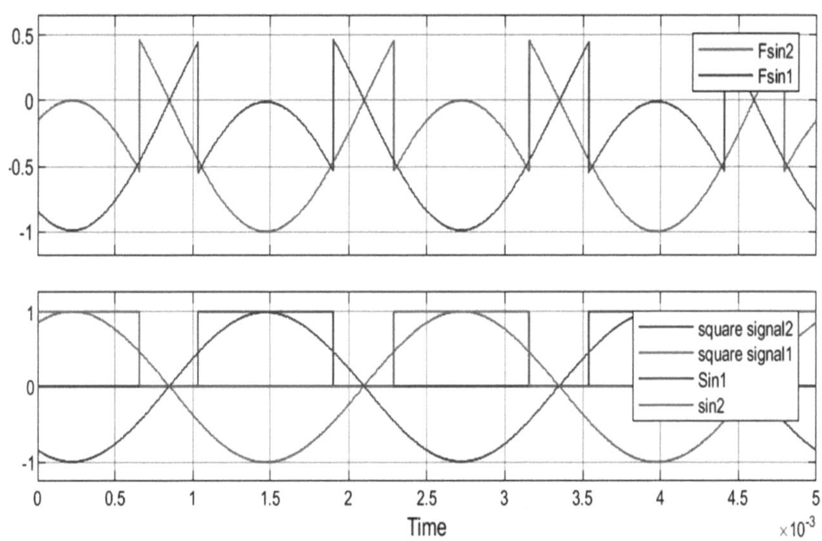

Figura 29. Os sinais rectangulares obtidos são subtraídos dos sinais sinusoidais e dos sinais sinusoidais fraccionados com um intervalo de 0,87 ms

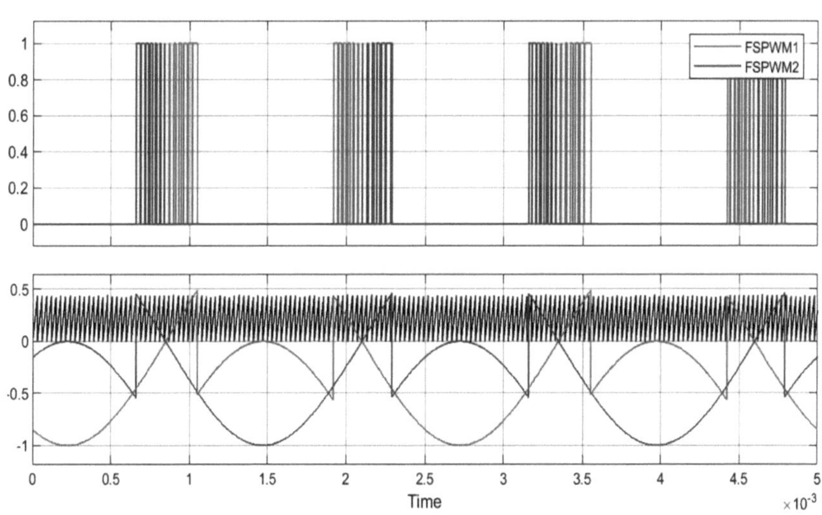

Figura 30. Sinais sinusais com um intervalo de duração de 0,87ms nos seus centros comparados com sinais triangulares com uma amplitude de 0,01V a 0,3V

4.2. Aplicações de cargas RL e RLC do inversor FSPWM

Após a análise da forma de modulação de um inversor de 9 níveis, é efectuada a simulação do inversor FSPWM de 5 níveis para simplificar as operações. A Figura 31 mostra o circuito de simulação de um inversor FSPWM de 5 níveis com uma carga resistiva de 10 ohms. Duas fontes de tensão DC de 10V são utilizadas como fontes. Como elementos do circuito são utilizados 6 interruptores de potência IGBT e 1 díodo. Os FSPWMs que irão controlar o inversor de 5 níveis são apresentados na Figura 32.

Como resultado das simulações efectuadas com um inversor de 5 níveis, a corrente alternada de 80 Hz e a tensão na carga são apresentadas na Figura 33.

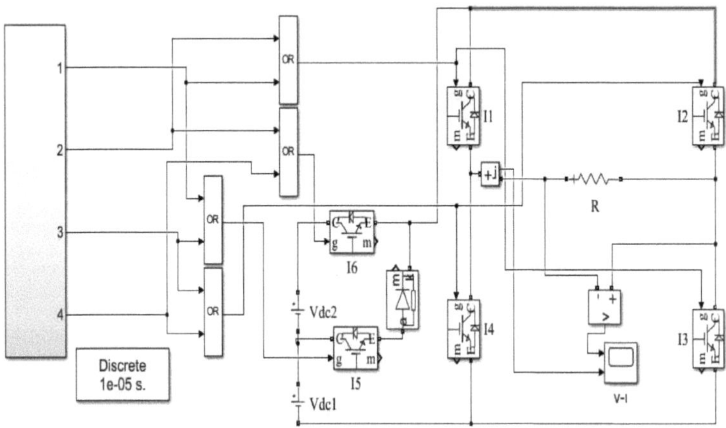

Figura 31. O circuito de simulação de um inversor FSPWM de 5 níveis com uma carga resistiva de 10 ohms.

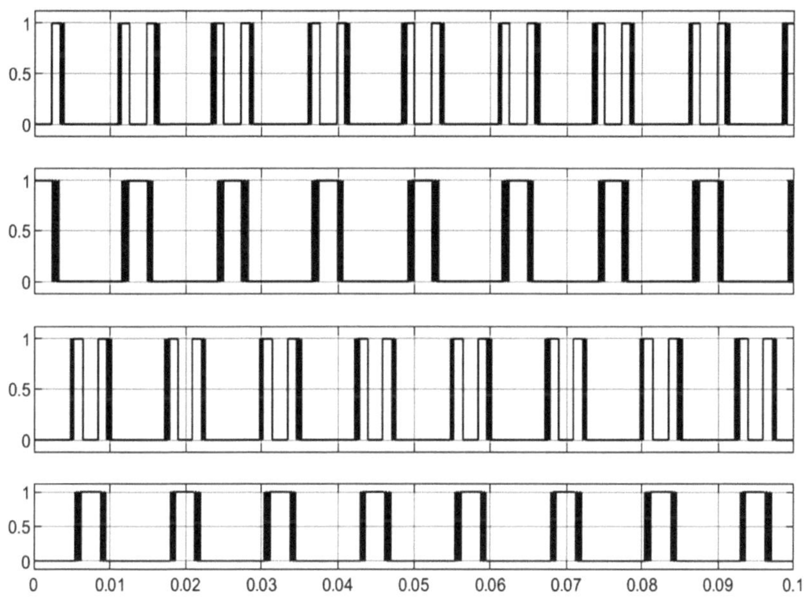

Figura 32. Os FSPWMs que irão controlar o inversor de 5 níveis

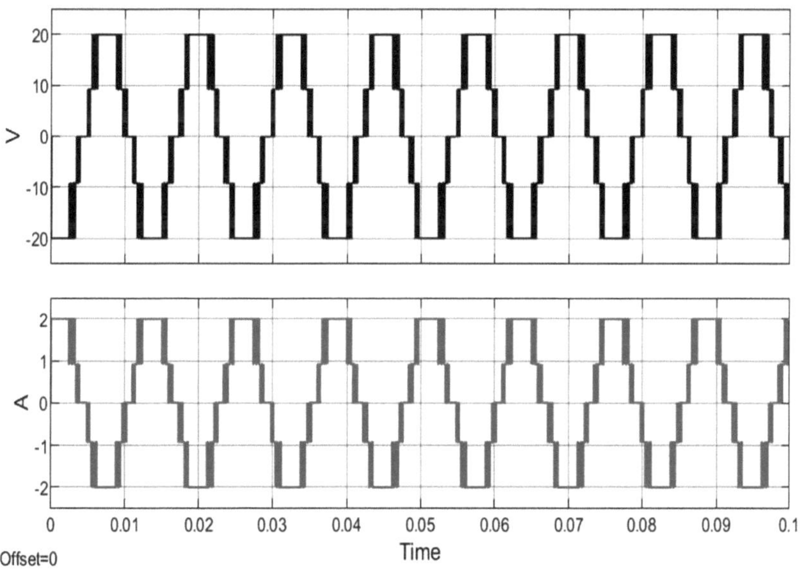

Figura 33. Corrente alternada de 80 Hz e tensão na carga

O inversor modulado FSPWM produz uma tensão alternada de 5 níveis com uma amplitude de 20V, como mostra a Figura 33. A fonte pode ser aplicada à carga em valores de amplitude total. Em troca da tensão produzida, ocorre uma corrente de 2 Amperes na carga.

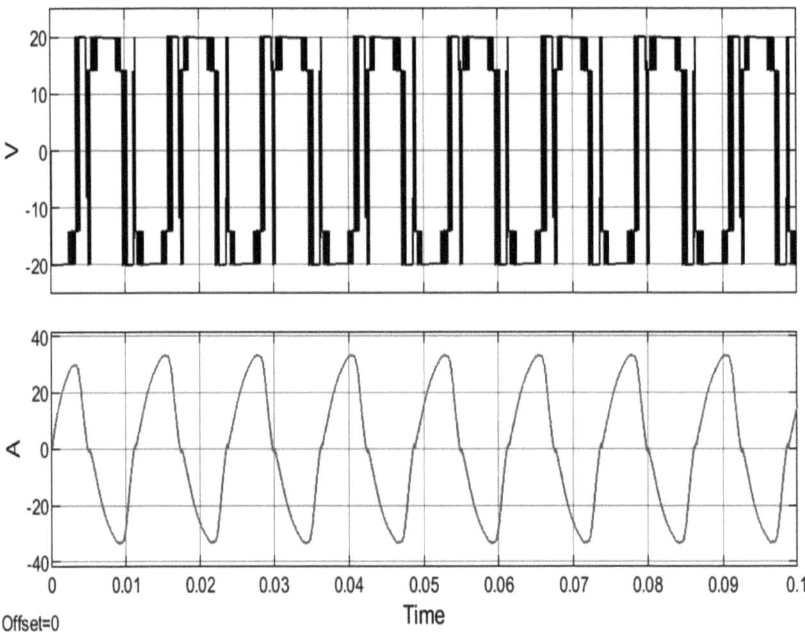

Figura 34. Corrente e tensão de carga da carga RL em série com R= 0,5 ohm e L=1mH

Na Figura 34, são apresentadas a corrente e a tensão de carga obtidas como resultado da simulação da carga RL série com R= 0,5 ohm e L=1mH. Uma corrente alternada com uma amplitude máxima de 32A passa através da carga RL série utilizada.

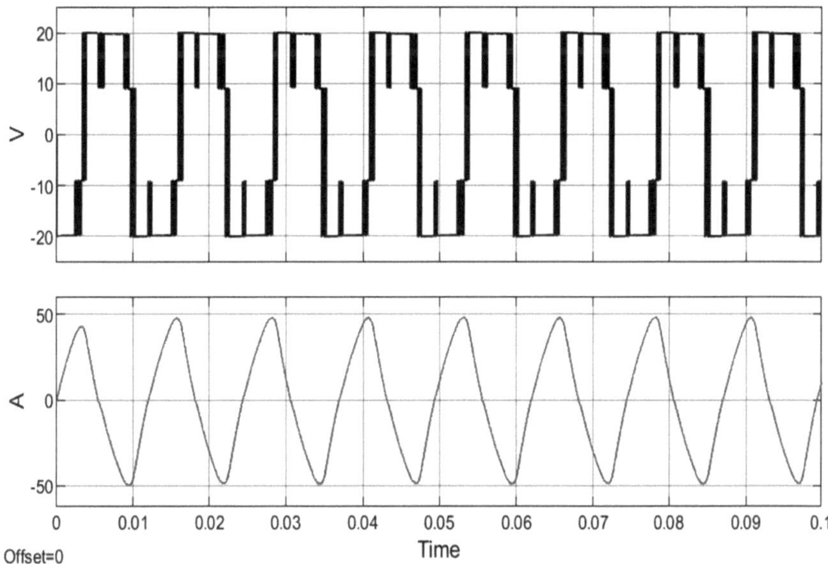

Figura 35. A corrente e a tensão de carga obtidas como resultado da simulação da carga RL série com R= 0,2 ohm e L=1mH

Na Figura 35, são apresentadas a corrente e a tensão de carga obtidas como resultado da simulação da carga RL série com R= 0,2 ohm e L=1mH. Uma corrente alternada de amplitude máxima de 38A passa através da carga RL série utilizada. A forma sinusoidal da corrente gerada tem menos distorção.

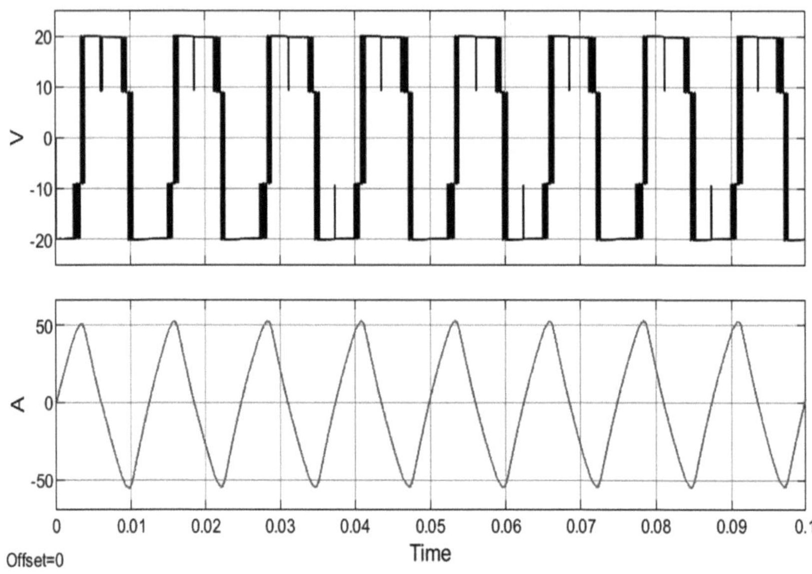

Figura 36. A corrente e a tensão de carga obtidas como resultado da simulação da carga RL série com R= 0,1 ohm e L=1mH

Na Figura 36, são apresentadas a corrente e a tensão de carga obtidas como resultado da simulação da carga RL série com R= 0,1 ohm e L=1mH. Uma corrente alternada com uma amplitude máxima de 52,5A passa através da carga RL série utilizada. A forma sinusoidal da corrente gerada tem menos distorção do que as outras duas aplicações.

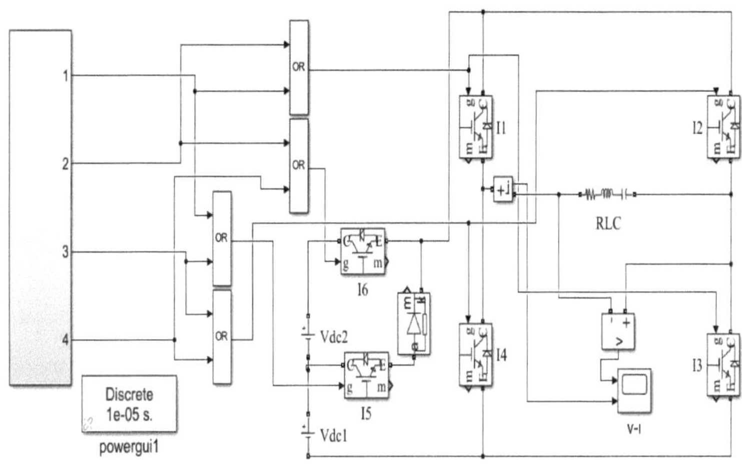

Figura 37. simulação da carga RL série com R= 0,1-ohm C= 3,2mF, e L=1mH

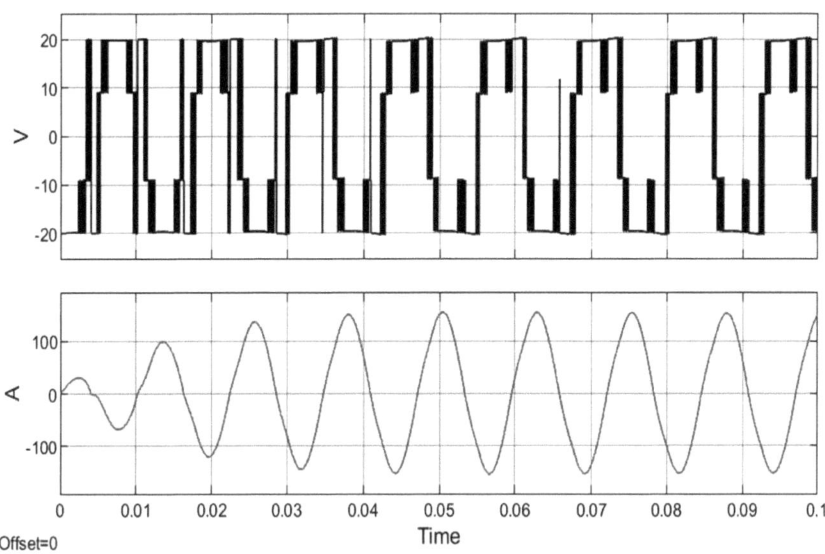

Figura 38. A corrente e a tensão de carga obtidas como resultado da simulação da carga RL série com R= 0,1-ohm C= 3,2mF, e L=1mH

Na Figura 38, são apresentadas a corrente e a tensão de carga obtidas como resultado da simulação da carga RLC série com R= 0,1-ohm C= 3,2mF, e L=1mH. Uma corrente alternada com uma amplitude máxima de 152,5A passa através da carga RLC série utilizada. A forma sinusoidal da corrente gerada tem menos distorção do que nas outras duas aplicações.

5. Conclusão

Nos circuitos de potência utilizados para a conversão de energia eléctrica, foram examinadas até à data algumas técnicas especiais de PWM. Em primeiro lugar, são examinadas a PWM quadrada e a PWM linear (LPWM). A técnica de geração de PWM quadrado e a aplicação do conversor CC-CC foram efectuadas e o seu efeito no circuito e na carga foi examinado. A tensão de entrada de 20 volts aumentou acima do seu valor para 30 V na unidade de impulso, enquanto diminuiu para níveis de 10 V na unidade de buck. Uma vez que as unidades conversoras eram operadas com PWM gerado por um único processamento de sinal, os tempos de funcionamento dos interruptores de um conversor eram os tempos passivos dos interruptores do outro conversor. Por conseguinte, quando a corrente do indutor no circuito de reforço diminuía para zero, a corrente do indutor no circuito de Buck começava a aumentar. No circuito apresentado, a corrente do indutor do circuito de impulso atingiu 200A, enquanto a corrente do indutor no circuito Buck atingiu 50A. Em segundo lugar, foi examinada a técnica SSPWM (Step Sinus Pulse Width Modulation). A técnica SSPWM foi produzida e foram efectuadas aplicações de simulação do circuito do inversor em várias cargas. O método SSPWM foi testado em cargas resistivas (R), indutivas (L) e capacitivas (C). R=0.1-ohm, L= 2mH, C=1mF. O tempo de comutação foi de 4ms. Como resultado das simulações, a amplitude da tensão obtida na carga foi de 20 V, enquanto que a amplitude da corrente alternada obtida foi de 55,54 A. A Distorção Harmónica Total (THD) da corrente obtida da carga foi de %4. Por fim, foi feita a geração da Modulação por Largura de Pulso Senoidal Fracionada (FSPWM) e a aplicação do inversor em diferentes cargas. Nos estudos de simulação, foram efectuadas as medições de corrente e tensão criadas pelo inversor de 5 níveis em cargas R e RLC. O circuito de simulação de um inversor FSPWM de 5 níveis com uma carga resistiva de 10 ohms. Duas fontes de tensão DC de 10V foram utilizadas como fontes. Como elementos do circuito foram utilizados 6 interruptores de potência IGBT e 1 díodo. Como resultado das simulações efectuadas com um inversor de 5 níveis, foram criadas corrente e tensão alternadas a 80 Hz na carga. A fonte foi aplicada à carga com valores de amplitude total. Em contrapartida à tensão produzida, ocorreu uma corrente de 2 Amperes sobre a carga. Foram obtidas a corrente e a tensão de carga resultantes da simulação da carga RL série com R= 0,2 ohm e L=1mH. Uma corrente alternada de amplitude máxima de 38A passa através da carga RL série utilizada. A forma sinusoidal da corrente gerada tem menos distorção. A corrente e a tensão de carga obtidas como resultado da simulação da carga RL série com R= 0,1 ohm e L=1mH foram operadas. Uma corrente alternada com uma amplitude máxima de 52,5A passou através da carga RL série utilizada. A forma sinusoidal da corrente gerada teve menos distorção do que a outra aplicação.

A corrente e a tensão de carga obtidas como resultado da simulação da carga RLC série com R= 0,1-ohm C= 3,2mF, e L=1mH foram operadas. Uma corrente alternada com uma amplitude máxima de 152,5A passou através da carga RLC série utilizada. A forma sinusoidal da corrente gerada tinha menos distorção do que nas outras duas aplicações.

6. Referências

1. Kouro, S., Malinowski, M., Gopakumar, K., Pou, J., Franquelo, L. G., Wu, B., ... & Leon, J. I. (2010). Avanços recentes e aplicações industriais de conversores multinível. *IEEE Transactions on industrial electronics*, *57*(8), 2553-2580.

2. Yang, S., Bryant, A., Mawby, P., Xiang, D., Ran, L., & Tavner, P. (2011). Um inquérito baseado na indústria sobre a fiabilidade dos conversores electrónicos de potência. *IEEE transactions on Industry Applications*, *47*(3), 1441-1451.

3. Marzouki, A., Hamouda, M., & Fnaiech, F. (2015, março). Uma revisão das aplicações industriais baseadas em conversores de fonte de tensão PWM. In *2015 International Conference on Electrical Systems for Aircraft, Railway, Ship Propulsion and Road Vehicles (ESARS)* (pp. 1-6). IEEE.

4. Geyer, T. (2016). *Controlo preditivo de modelos de conversores de alta potência e accionamentos industriais*. John Wiley & Sons.

5. Rodríguez, J., Bernet, S., Wu, B., Pontt, J. O., & Kouro, S. (2007). Topologias de conversores de tensão-fonte multinível para accionamentos industriais de média tensão. *IEEE Transactions on industrial electronics*, *54*(6), 2930-2945.

6. Engin, M., & Gülersoy, T. (2018). Hibrid güç sistemleri için evirici tasarımı. Avrupa Bilim ve Teknoloji Dergisi, (14), 228-234

7. Endiz, M. S., & Akkkaya, R. (2020, junho). Um novo projeto e análise de circuito de inversor de fonte quase Z modificado monofásico. Em 2020, 24ª Conferência Internacional de Eletrônica (pp. 1-6). IEEE.

8. Llorente, S., Monterde, F., Burdio, J. M., & Acero, J. (2002, março). Estudo comparativo de topologias de inversores ressonantes utilizados em fogões de indução. Em APEC. Seventeenth Annual IEEE Applied Power Electronics Conference and Exposition (Cat. No. 02CH37335) (Vol. 2, pp. 1168-1174). IEEE.

9. González, R., Lopez, J., Sanchis, P., & Marroyo, L. (2007). Inversor sem transformador para sistemas fotovoltaicos monofásicos. IEEE Transactions on Power Electronics, 22(2), 693-697.

10. Cheng, P. T., Bhattacharya, S., & Divan, D. M. (1998). Controlo de inversores de onda quadrada em sistemas de filtros activos híbridos de alta potência. *IEEE Transactions on Industry Applications*, *34*(3), 458-472.

11. Klumpner, C., Timbus, A., Blaabjerg, F., & Thogersen, P. (2004, outubro). Variadores de velocidade ajustáveis com corrente de entrada de onda quadrada: Um passo económico no desenvolvimento para melhorar o seu

desempenho. Em *Conference Record of the 2004 IEEE Industry Applications Conference, 2004. 39ª Reunião Anual da IAS.* (Vol. 1). IEEE.

12. Poddar, G., & Sahu, M. K. (2009). Eliminação de harmónicas naturais do inversor de onda quadrada para aplicação em média tensão. *IEEE Transactions on Power Electronics*, *24*(5), 1182-1188.

13. Espinoza, J. R. (2011). Inversores. Em *Power electronics handbook* (pp. 357-408). Butterworth-Heinemann.

14. Kusljevic, M. D., Tomic, J. J., & Jovanovic, L. D. (2009). Estimativa de frequência de sistema de potência trifásico usando algoritmo de mínimos quadrados ponderados e filtragem FIR adaptativa. *IEEE Transactions on Instrumentation and Measurement*, *59*(2), 322-329.

15. Aishwarya, V. (2024). Um inversor monofásico de nível extensível ligado à rede para aplicações de energia renovável. *Engineering Research Express*, *6*(3), 035303.

16. Parimalasundar, E., Jayakumar, S., Sita, H., Jayanthi, R., Kumar, B. H., & Suresh, K. (2024, julho). Análise de inversores de ponte H em cascata monofásica de nove níveis para EVs. Em *2024 Terceira Conferência Internacional sobre Tecnologias e Sistemas Inteligentes para Computação de Próxima Geração (ICSTSN)* (pp. 1-6). IEEE.

17. Kumar, G. S., & Paramathma, M. K. (2024). Projeto ideal de sistemas PV-SMES para melhoria da qualidade de energia usando modelo de inversor multinível otimizado para pelicon. *Computadores e Engenharia Elétrica*, *118*, 109404.

18. Selvam, M. P., Palraj, S. K., & Madasamy, G. S. (2024). Controle adaptativo de um DSTATCOM baseado em MLI de chave reduzida de fonte única para sistema de conversão de energia eólica. *Engenharia Eletrotécnica*, 1-22.

19. Can, E. (2018). Análise e desempenho com tensão multinível dividida verticalmente na fase do motor de indução. *Tehnički vjesnik*, *25*(3), 687-693.

20. Can, E. (2019). Algoritmo matemático do controlador lógico fuzzy para inversor multinível criando tensão vertical dividida.

21. Can, E., & Sayan, H. H. (2016). Modelo matemático diferente para o circuito chopper. *Tehnički glasnik*, *10*(1-2), 13-15.

22. Erickson, R. W. (2001). Conversores de potência DC-DC. *Enciclopédia Wiley de engenharia eléctrica e eletrónica.*

23. Zhao, Y., Qiao, W., & Ha, D. (2013). Um controlador de taxa de serviço de modo deslizante para conversores buck DC / DC com cargas de energia constantes. *IEEE Transactions on industry Applications*, *50*(2), 1448-1458.

24. Hasaneen, B. M., & Mohammed, A. A. E. (2008, março). Projeto e simulação de um conversor DC/DC boost. In *2008 12th International Middle-East Power System Conference* (pp. 335-340). IEEE.

25. Rosas-Caro, J. C., Ramirez, J. M., Peng, F. Z., & Valderrabano, A. (2010). Um conversor DC-DC multilevel boost. *IET Power Electronics*, *3*(1), 129-137.

26. Bernet, S., Teichmann, R., Zuckerberger, A., & Steimer, P. K. (1999). Comparação de IGBT's de alta potência e GTO's de acionamento rígido para inversores de alta potência. *IEEE Transactions on Industry Applications*, *35*(2), 487-495.

27. Motto, K., Li, Y., & Huang, A. Q. (2000, fevereiro). Comparação dos IGBTs, GCTs e ETOs de alta potência mais avançados. Em *APEC 2000. Fifteenth Annual IEEE Applied Power Electronics Conference and Exposition (Cat. No. 00CH37058)* (Vol. 2, pp. 1129-1136). IEEE.

28. Chan, T. K., & Morcos, M. M. (1995). Sobre a utilização de comutadores GTO-cascode com porta IGBT em conversores quase ressonantes. *IEEE Transactions on Industry Applications*, *31*(6), 1227-1233.

29. Zhang, Q., & Agarwal, A. K. (2009). Considerações sobre design e tecnologia para dispositivos bipolares de SiC: BJTs, IGBTs, and GTOs. *physica status solidi (a)*, *206*(10), 2431-2456.

30. Xu, S.; Ji, Z. Um Estudo das Correntes Circulantes Harmónicas de Alta Frequência SPWM em Inversores Modulares. // Journal of Power Electronics. 16, 6(2016), pp. 2119-2128. DOI: 10.6113/JPE.2016.16.6.2119

31. Emadi, A.; Afrakhte, H.; Sadeh, J. Método rápido de deteção de ilhamento ativo baseado na deriva da segunda harmónica para geração distribuída baseada em inversores. // IET Generation, Transmission & Distribution. 10, 14(2016), pp. 3470-3480. DOI: 10.1049/iet-gtd.2016.0089

32. Giribabu, D.; Vardhan, R. H.; Prasad, R. R. Controlo vetorial indireto alimentado por inversor multinível de um motor de indução utilizando um controlador lógico difuso de tipo 2. // Técnicas de eletricidade, eletrônica e otimização (ICEEOT), Conferência Internacional sobre IEEE. (2016, março), pp. 2605-2610

33. Xavier, L. S.; Cupertino, A. F.; de Resende, J. T; Mendes, V. F.; Pereira, H. A. Estratégia de controlo adaptativo de corrente para compensação de harmónicos em inversores solares monofásicos. // Pesquisa em Sistemas de Energia Elétrica. 142, (2017), pp. 84-95. DOI: 10.1016/j.epsr.2016.08.040

34. Can, E.; Sayan, H. H. Controlo PID e fuzzy de máquinas assíncronas trifásicas por inversor trifásico de fonte CC de baixo nível/PID i neizrazito upravljanje trofaznim asinhronim motorom pomocu trofaznog izmjenjivaca slabe istosmjerne struje. // Tehnicki Vjesnik-Technical Gazette. 23, 3(2016), pp. 753-761.

35. Can, E.; Sayan, H. H. Projeto de inversor trifásico SSPWM e experimentado em cargas desequilibradas. // Tehnički vjesnikTechnical Gazette, 23, 5(2016): 1239-1244.

36. Can, E.; Sayan, H. H. Os efeitos harmónicos crescentes do inversor multinível SSPWM que controla as correntes de carga investigadas no índice de modulação. // Tehnički vjesnikTechnical Gazette, 24, 2(2017). https://doi.org/10.17559/TV20151020134\62

37. Can, E., & Sayan, H. H. (2017). O desempenho do motor DC pelo conversor de reforço PWM DC-DC de controlo PID. *Tehnički glasnik*, *11*(4), 182-187.

38. Alishah, R. S., Nazarpour, D., Hosseini, S. H., & Sabahi, M. (2014). Nova estrutura híbrida para inversor multinível com menor número de componentes para níveis de alta tensão. *IET power electronics*, *7*(1), 96-104.

39. Stonier, A. A., Chinnaraj, G., Kannan, R., & Mani, G. (2020). Investigação e validação de um inversor multinível modular simétrico de onze níveis usando

otimização de lobo cinza e algoritmo de controle de evolução diferencial para aplicações solares fotovoltaicas. *Circuit World.*

40. Can, E., & Kilic, U. (2024). Um novo inversor multinível de alta frequência que afecta o peso dos cabos e a eficiência energética das aeronaves. *Aircraft Engineering and Aerospace Technology*, *96*(3), 458-464.

41. Can, E., & Sayan, H. H. (2023). Desenvolvimento de modulação de largura de pulso senoidal fracionária com lacuna β no processamento de sinal de três etapas. *Jornal Internacional de Eletrónica*, *110*(3), 527-546.

Printed by Books on Demand GmbH, Norderstedt / Germany